Krishna Veni Veloo
Nurulain Jalillah Paiman

Análise fitoquímica da flor da cana-de-açúcar (Saccharum Edule)

Krishna Veni Veloo
Nurulain Jalillah Paiman

Análise fitoquímica da flor da cana-de-açúcar (Saccharum Edule)

ScienciaScripts

Imprint

Any brand names and product names mentioned in this book are subject to trademark, brand or patent protection and are trademarks or registered trademarks of their respective holders. The use of brand names, product names, common names, trade names, product descriptions etc. even without a particular marking in this work is in no way to be construed to mean that such names may be regarded as unrestricted in respect of trademark and brand protection legislation and could thus be used by anyone.

Cover image: www.ingimage.com

This book is a translation from the original published under ISBN 978-620-8-41634-8.

Publisher:
Sciencia Scripts
is a trademark of
Dodo Books Indian Ocean Ltd. and OmniScriptum S.R.L publishing group

120 High Road, East Finchley, London, N2 9ED, United Kingdom
Str. Armeneasca 28/1, office 1, Chisinau MD-2012, Republic of Moldova, Europe
Managing Directors: Ieva Konstantinova, Victoria Ursu
info@omniscriptum.com

Printed at: see last page
ISBN: 978-620-8-52239-1

ANÁLISE FITOQUÍMICA DA FLOR DA CANA-DE-AÇÚCAR (SACCHARUM EDULE)

RESUMO

A Saccharum Edule, vulgarmente conhecida por flor de cana-de-açúcar, é um tipo de legume. Todos os legumes, incluindo a Saccharum Edule, têm os seus próprios benefícios. No entanto, devido ao facto de não ter sido efectuada qualquer investigação fitoquímica sobre esta amostra que apoie os resultados benéficos, este vegetal é frequentemente subestimado tanto pelos investigadores como pelo público. Os benefícios para a saúde da Saccharum Edule são atribuídos, em parte, à sua composição fitoquímica única. Este estudo foi concebido para encontrar o conteúdo fitoquímico no interior do Saccharum Edule para analisar o composto bioativo e o conteúdo do composto ativo. Utilizando metanol, a Saccharum Edule foi macerada para extrair os compostos activos no interior da amostra. Utilizando cromatografia gasosa - espetrometria de massa (GC-MS) e compostos activos utilizando sete tipos de testes antioxidantes, que são quantitativos e qualitativos. Havia oito tipos de compostos bioactivos presentes na amostra, nomeadamente glicerol, álcool, fenol, ácido acético, gordo, ácido éster e álcool gordo saturado. Relativamente aos compostos activos, o Saccharum Edule tem o composto fenólico total mais elevado (572,46 mg/ml) testado e o segundo mais elevado é o teor total de flavonóides (21,17 quercetina/g) obtido a partir da amostra. O composto menos ativo na amostra é o teor total de taninos (1,070 ácido tânico/g). A Saccharum Edule também apresenta um teor de alcalóides totais e de saponinas totais. No entanto, o teor de esteróides totais e o teor de terpenóides totais não estavam presentes na amostra e apresentaram um resultado negativo. Este facto pode explicar parcialmente o composto fitoquímico do Saccharum Edule, que pode trazer benefícios para a saúde de quem o consome.

Palavras-chave*: Saccharum Edule, antioxidante, extrato bruto, atividade de compostos bioactivos e composto ativo.*

ÍNDICE DE CONTEÚDO

LISTA DE ABREVIATURAS

GC-MS Gas Chromatography-Mass Spectrometry

TPC Total Phenolic Content

TFC Total Flavonoids Content

TAC Total Alkaloid Content

TSC Total Saponin Content

TSC Total Steroid Content

TTC Total Tannin Content

TTC Total Terpenoid Content

LISTA DE SÍMBOLOS

°c Celsius

G Gram

% Percent

Mg Milligram

Kj kilojoule

Mm Millimetre

Mg micrometre

Nm Nanometre

mL Millilitre

Kg Kilogram

µL Microliter

mg microgram

CAPÍTULO 1
INTRODUÇÃO

1.1 Antecedentes da investigação

A flor da cana-de-açúcar, também conhecida pelo seu nome científico Saccharum Edule, é uma planta pertencente à família Poaceae, que inclui a cana-de-açúcar, a cevada e o milho. As espécies pertencentes à mesma família de plantas podem partilhar pragas, necessidades nutricionais e caraterísticas de crescimento (Karsten, 2014). A família Poaceae, como a cana-de-açúcar, tem várias vantagens fitoquímicas, incluindo compostos fenólicos, esteróis vegetais, atividade antioxidante, propriedades de redução do colesterol e outros potenciais benefícios para a saúde (Singh & Mukhtar, 2015) . Dado que a flor da cana-de-açúcar e a cana-de-açúcar pertencem à mesma família, não é improvável que as composições fitoquímicas destas duas plantas sejam semelhantes. A flor de cana-de-açúcar, no entanto, não é amplamente conhecida porque é uma espécie que raramente é consumida e apenas um pequeno número de pessoas tem conhecimento da sua existência. A flor de cana-de-açúcar é tipicamente consumida pelos aldeões na Malásia, onde a maioria dos malaios não está familiarizada com ela. Consequentemente, o teor de nutrientes benéficos também não é totalmente conhecido (Fern, 2022).

As plantas e alguns alimentos, incluindo os vegetais, contêm pequenas quantidades de um tipo de molécula chamada fitoquímica. Os compostos bioactivos funcionam no organismo de formas que podem melhorar a saúde. Estão a ser estudados para o tratamento de várias doenças, como o cancro e os problemas cardíacos. Inicialmente, as pessoas utilizavam as plantas como alimento, mas quando as suas capacidades medicinais foram descobertas, esta flora natural começou a ser utilizada por muitas comunidades humanas diferentes como fonte de tratamento de doenças e melhoria da saúde (Azmir, 2013). As plantas contêm compostos bioactivos que funcionam como agentes antioxidantes. A popularidade da utilização de medicamentos naturais ou plantas medicinais tem aumentado nos últimos anos. O reino vegetal oferece uma maravilhosa coleção de potenciais medicamentos. Proteína, riboflavina, vitamina C e muitos outros nutrientes podem ser encontrados na flor da cana-de-açúcar (Jansen, 2016). A flor da cana-de-açúcar contém uma variedade de nutrientes, pelo que a investigação sobre os seus fitoquímicos é necessária para permitir futuras investigações que possam utilizar a flor da cana-de-açúcar no domínio da medicina. A flor da cana-de-açúcar é conhecida como um vegetal que pode facilitar a digestão e a saúde da pele (Afiffuddin, 2023).

A extração é a primeira e mais importante fase na investigação de plantas, uma vez que é necessário separar e classificar os compostos químicos derivados das plantas que são concebidas para fins de investigação. Este processo tem lugar após a recolha dos materiais vegetais. Devido à sua presença em substâncias químicas bioactivas, como polifenóis e carotenóides, que têm atividade antioxidante, os extractos de plantas estão atualmente a tornar-se aditivos cada vez mais importantes no sector alimentar ou na indústria da saúde (Proestos, 2020). A flor da cana-de-açúcar é tradicionalmente utilizada sem qualquer estudo científico do seu conteúdo. A pesquisa de fitoquímicos na flor da cana-de-açúcar reconhecerá cientificamente os seus benefícios e talvez possa ser amplamente utilizada no domínio da medicina. Ao estudar os antioxidantes na flor da cana-de-açúcar, podemos produzir novos medicamentos derivados deste vegetal. Taninos, flavonóides, alcalóides, fenólicos. Saponina e Esteroide são exemplos das formas de antioxidantes que podem ser encontradas na flor da cana-de-açúcar. Os antioxidantes são compostos que podem prevenir ou adiar algumas formas de danos celulares. (Gabriel,2020). O estudo dos fitoquímicos da flor da cana-de-açúcar contribuirá para a nossa compreensão das propriedades antioxidantes da planta. Além disso, as informações fitoquímicas coletadas podem ser aplicadas em outros materiais de pesquisa, como adubos, medicamentos ou mesmo rações para aumentar a produção agrícola. Os dados recolhidos servirão para estudos futuros. A investigação sobre o perfil fitoquímico das flores da cana-de-açúcar tem potenciais aplicações médicas e pode levar à criação de novos medicamentos. Além disso, os resultados deste estudo ajudarão os agricultores a descobrir formas de utilizar a flor da cana-de-açúcar de forma mais eficaz e, talvez como resultado dos benefícios globais, a flor da cana-de-açúcar será cultivada todo o mundo. (Nkumah, 2015). Os antioxidantes naturais podem ser encontrados em abundância nos alimentos e nas plantas medicinais. Os antioxidantes orgânicos, especialmente os carotenóides e os polifenóis, têm uma variedade de efeitos biológicos, incluindo os efeitos anti-inflamatórios, anti-envelhecimento, anti-ateroscleróticos e anticancerígenos. A extração eficaz e a avaliação precisa dos antioxidantes das plantas são essenciais para investigar possíveis fontes de antioxidantes e incentivar a sua utilização em refeições funcionais, produtos farmacêuticos e aditivos alimentares. A análise fitoquímica utilizando extractos de metanol pode produzir uma variedade de antioxidantes, incluindo flavonóides e compostos fenólicos (Thangjam, 2020). Consequentemente, o metanol é recomendado como o melhor solvente a utilizar na extração de concentrações elevadas de componentes fitoquímicos, antioxidantes e componentes anti-inflamatórios in vitro dos ramos da flor de cana-de-açúcar para utilização em medicina.

1.2 Declaração do problema

O mercado atual oferece uma grande variedade de medicamentos sintéticos e naturais que competem para beneficiar a humanidade de diferentes formas. Os medicamentos naturais são, por vezes, menos eficazes do que os sintéticos, mas são, no entanto, considerados menos nocivos ou com menos efeitos negativos do que os sintéticos. A não toxicidade, a eficácia, a especificidade, a estabilidade e a potência são as normas mais exigentes para todos os medicamentos, quer sejam fabricados por seres humanos quer naturalmente. Os medicamentos naturais são compostos fitoquímicos utilizados para o tratamento de muitas doenças. Se as flores da cana-de-açúcar contiverem fitoquímicos ou outras moléculas activas que sejam boas para a saúde humana, o estudo destas substâncias poderá levar à criação de novos medicamentos naturais no futuro. A investigação sobre os fitoquímicos da flor da cana-de-açúcar também não recebeu atenção suficiente por parte de outros investigadores. Devido à falta de investigação sobre a flor da cana-de-açúcar, o objetivo deste estudo é analisar o seu composto ativo e esta investigação pode ser utilizada para estudos posteriores, a fim de ser utilizada como substituto dos agentes antioxidantes sintéticos e substituída por antioxidantes à base de plantas.

1.3 Objectivos da investigação

Por conseguinte, os objectivos do presente estudo são os seguintes
1. Extrair o composto ativo da flor de cana-de-açúcar utilizando metanol.
2. Determinar o composto bioativo utilizando GC-MS.
3. Estudar a atividade antioxidante da flor de cana-de-açúcar utilizando diferentes testes.

1.4 Âmbito do estudo

A amostra de flor de cana-de-açúcar (Saccharum Edule) foi recolhida no agricultor local de Melaka que cultiva exclusivamente a flor de cana-de-açúcar. A amostra foi limpa e depois seca ao ar durante 48 horas. Para garantir o fluxo de ar e a secagem rápida, a amostra foi cortada em pedaços mais pequenos e triturada. A amostra foi então submetida a um processo de maceração com metanol. Após a maceração, a mistura foi filtrada antes de passar à evaporação rotativa. O produto da evaporação rotativa é o extrato de proteínas brutas. O material foi analisado por cromatografia gasosa com espetrometria de massa (GC-MS) após um procedimento de evaporação rotativa. A técnica GC-MS foi utilizada para identificar o componente ativo e a presença de antioxidantes. A substância foi identificada utilizando a espetrometria de massa por cromatografia gasosa (GC-MS) através da comparação de um espetro de massa de consulta com uma biblioteca de espectros de massa de referência. Estes incluem o teor fenólico total (TPC), o teor total de flavonóides (TFC), o teor total de taninos (TTC), o teor total de alcalóides (TAC), o teor total de saponinas (TSC), o teor total de esteróides (TSC) e o teor total de terpenóides (TTC).

CAPÍTULO 2
REVISÃO DA LITERATURA

2.1 Saccharum Edule

Saccharum Edule é o nome científico da flor da cana-de-açúcar. A flor da cana-de-açúcar é maioritariamente cultivada no Sudeste Asiático e em zonas de clima tropical. O Sudeste Asiático e outras regiões tropicais são onde esta planta é cultivada principalmente (Ken Fern,2014). A maioria dos países do Sudeste Asiático, incluindo a Malásia, a Indonésia, a Melanésia e as Ilhas Fiji, cultivam esta planta. A flor da cana-de-açúcar é o mesmo que a cana-de-açúcar porque provém da mesma família e do mesmo género, nomeadamente a família Poaceae e o género Saccharum. A flor de cana-de-açúcar também é conhecida pelos seus amantes pelos nomes "Duruka", "Sugarcane flower", "Fiji Asparagus", "Dule", "Pitpit" e "Naviso" (Jansen, 2016). A amostra de planta que é Saccharum Edule é apresentada na Figura 2.1, enquanto o resumo da taxonomia da planta é apresentado no Quadro 2.1. A informação sobre os nutrientes em Saccharum Edule por 100g é apresentada no quadro 2.2.

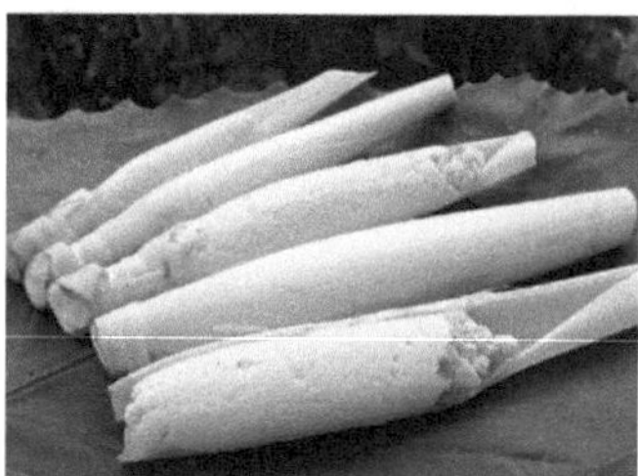

Figura 2.1: Flor da cana-de-açúcar. Adotado de (Marsita,2021)

Quadro 2.1(i): Taxonomia da espécie Saccharum Edule

Kingdom	Plantae
Division	Angiosperms
Class	Monocots
Clade	Commelinids
Order	Poales
Family	Poaceae
Genus	Saccharum
Species	S. Edule

Tabela 2.2: Teor de nutrientes de Saccharum Edule.

Teor de nutrientes	Massa/100g
Proteína (%)	4.7
Água (g)	89
Hidratos de carbono (g)	6.9-7.6
Fibra (g)	0.7
Cálcio (mg)	10
Ferum (mg)	0.4-2
Fósforo (mg)	80
Vitamina C (mg)	21
Energia total (Kj)	143-160

A flor da cana-de-açúcar é muito benéfica para a comunidade local. As folhas e os frutos são consumidos como legumes e os caules são utilizados como combustível. Além disso, a medicina tradicional utiliza-a para tratar doenças tão diversas como febre, problemas gastrointestinais e dores de cabeça. A planta da flor da cana-de-açúcar é frequentemente utilizada na culinária e tem qualidades medicinais que podem tratar problemas de pele e digestivos (Affiffudin, 2023). Se esta planta for cultivada em excesso no sítio errado, causará problemas. Isto porque, se o cultivo não for estritamente controlado, prejudicará o ecossistema devido às caraterísticas invasivas que esta planta tem. A planta da flor da cana-de-açúcar é idêntica à planta da cana-de-açúcar, mas os rebentos parecem invulgares porque, à medida que a planta da flor da cana-de-açúcar amadurece, os rebentos crescem com a flor da cana-de-açúcar no seu interior. A flor de cana-de-açúcar tem um núcleo central comestível ou inflorescências não abertas (Waqaniu-Rogers, 1986). Quando esta flor de cana-de-açúcar é descascada, apresenta um conteúdo branco amarelado e a sua textura é semelhante a ovas de peixe, porque tem a forma de uma semente fina. A flor da cana-de-açúcar é geralmente cultivada em zonas de clima quente. A planta da cana-de-açúcar pode crescer entre 20 °c e 30 °c e pode suportar temperaturas de até 38 °c (Fern, 2022). Depois de ser plantada durante cinco a dez meses, a cana-de-açúcar pode ser colhida. A flor da cana-de-açúcar também pode ser utilizada como substituto da couve-flor quando devidamente preparada. Os caules floridos são invulgares, pois ficam envoltos nas bainhas das folhas, formando uma massa compacta aproximadamente do tamanho de uma banana (Fern, 2022).

2.2   Método de secagem

A secagem é o processo de remoção da humidade de uma amostra, a fim de impedir ou retardar a sua deterioração (Bulantekin,2021). A razão para isto é que a amostra é um vegetal, e os vegetais podem ser danificados pela humidade. A secagem é o processo de remoção de água por evaporação e é a técnica mais popular e fundamental utilizada para manter a qualidade das amostras de plantas aromáticas e medicinais (Sukardiman,2022). É preferível escolher uma temperatura de secagem que não comprometa a qualidade do produto. A secagem ao ar é um método popular para secar legumes e frutas. De acordo com os relatórios, a amostra pode persistir até um ano se for seca ao ar, e os químicos que suportam a sua ação antioxidante não são degradados durante este tempo. Isto torna mais simples para o investigador armazená-la e garante que se manterá em boas condições durante um longo período. De acordo com a investigação, o processo de secagem ao ar pode apresentar uma excelente atividade, incluindo um elevado teor de fenólicos totais, atividade antioxidante e um limite de atividade de eliminação do radical DPPH moderadamente mais elevado (Salihoglu, 2022). Descobriu-se que a velocidade de secagem ao ar não tem qualquer efeito no comportamento de secagem de camadas finas (Muller, 2006).

O processo de secagem foi efectuado num secador de ar a uma temperatura de 25 °C. O teor total de uma amostra de secagem pode diminuir à medida que a temperatura e o tempo de secagem aumentam, respetivamente (Sukardiman, 2022). Os produtos químicos fenólicos, por exemplo, que não são resistentes ao calor, podem ser danificados pela temperatura de aquecimento elevada e contínua. A secagem reduz o teor de água da flor de cana-de-açúcar, o que tem um impacto nos elementos bioactivos presentes na flor de cana-de-açúcar. Ao manter o teor de ingrediente ativo da flor de cana-de-açúcar, uma secagem óptima irá proporcionar-lhe uma qualidade duradoura durante o armazenamento (Nishad, 2017).

2.3 Método de extração

O processo de deslocação de uma substância ou composto de um local para outro é conhecido como extração. A extração é importante para a química porque permite ao investigador extrair um componente desejado e caracterizá-lo para outras aplicações (Lisa Nichols, 2020). Alcalóides, taninos, fenóis e flavonóides são algumas das substâncias activas presentes nas plantas e podem ser encontradas nos seus vegetais, por exemplo, que podem ser extraídos através do método de extração (Gowri Rajkumar,2022). Existem numerosos métodos de extração disponíveis para extrair compostos de plantas, incluindo o procedimento de maceração, que será o foco deste estudo. A maceração é uma técnica de extração comum que implica a imersão do material vegetal em solventes como o metanol. Mas para obter um processo de maceração completo, é necessário esperar 3 a 4 dias. É uma técnica comum e rentável para extrair diversos compostos bioactivos de material vegetal. (Sasidharan, 2010). É possível extrair a substância química bioactiva da amostra utilizando alguns solventes diferentes. No entanto, é necessário ter atenção ao processar os materiais vegetais para produzir o extrato, para que não se percam, alterem ou eventuais componentes activos.

2.4 Extrato bruto

O extrato bruto, por definição, é obtido sob a forma de líquidos, semi-sólidos ou pós. O extrato bruto também se refere ao extrato obtido de um material vegetal que contém uma mistura de compostos bioactivos (Aldughaylibi,2022). No sector farmacêutico, a formação do extrato bruto do medicamento é obtida a partir da planta natural, que tem uma maior concentração de compostos activos devido ao processo de extração. O extrato bruto resulta do processo de maceração. Quando os materiais são macerados, são armazenados em rolhas que retêm o solvente necessário durante quase três dias, sendo continuamente agitados num ambiente quente até que a matéria solúvel se dissolva. Os restos são então lavados com solvente suficiente depois de a mistura ter sido filtrada. A água, os solventes aquosos e os solventes não aquosos são os vários tipos de solventes utilizados procedimento (Abu,2017). Os investigadores podem realizar vários estudos, como a atividade antioxidante e antibacteriana, utilizando o extrato bruto (Aadil Mansoori,2020). As substâncias químicas bioactivas presentes nos extractos brutos podem ser separadas e identificadas, o que permite o desenvolvimento de moléculas antibacterianas e antioxidantes eficazes que podem ser utilizadas em aplicações médicas.

2.5 Análise GC-MS

A cromatografia gasosa com espetrometria de massa (GCMS) é um método científico utilizado numa vasta gama de domínios e actividades. Uma técnica analítica conhecida como cromatografia gasosa e espetrometria de massa, ou abreviadamente GCMS, combina as caraterísticas da cromatografia gasosa com a espetrometria de massa para determinar a presença de vários compostos numa amostra de teste (Joshka Verduin,2020). É especialmente útil para verificar a segurança do ambiente e dos alimentos. A GC-MS permite a classificação separada de compostos semi-voláteis e voláteis, como os ácidos gordos e os álcoois (WSM,2021). No entanto, a CG-EM é frequentemente utilizada para analisar produtos químicos mistos, como solventes e óleos essenciais, que constituem a sua principal aplicação. A GC-MS tem a capacidade de detetar compostos de forma qualitativa, mesmo quando estes estão presentes em concentrações muito baixas. A GC-MS pode ser utilizada para analisar materiais sólidos, gasosos ou líquidos. A amostra é dividida nos seus vários componentes utilizando um cromatógrafo de gás e uma coluna capilar revestida com uma fase estacionária (líquida ou sólida). A amostra é efetivamente convertida para a fase gasosa através deste método (M. & V., 2012). Alguns dos compostos bioactivos desejados que se espera que existam na flor da cana-de-açúcar são os compostos fenólicos, os ácidos gordos saturados, o α-tocoferol, o fitosterol e o ácido éster, como mencionado na Figura 2.5. Isto deve-se ao facto de o composto fenólico, o gordo, , o fitosterol e o ácido éster serem os principais compostos bioactivos presentes na cana-de-açúcar (Saccharum officinarum), que podem existir na flor da cana-de-açúcar (Molina-Cortés et al., 2023). Os vegetais que contêm compostos fenólicos são bons se as pessoas os consumirem. O composto fenólico é bom porque contém antioxidantes e pode ajudar a prevenir envelhecimento das células (Matsumura et al., 2023). De acordo com os especialistas, os ácidos gordos contidos nos alimentos competem pelas mesmas moléculas ou processos receptores e impedem a expressão de genes que causam doenças ou estimulam-nas (Xing et al., 2023). A provitamina A é o componente do α-tocoferol encontrado nos vegetais que são consumidos principalmente pelas pessoas e tem a maior atividade (Gao et al., 2012). O α-tocoferol tem também atividade antioxidante que pode ajudar no combate ao cancro, no sistema imunitário e no antienvelhecimento. O fitosterol pode reduzir o nível de colesterol e diminuir o risco de cancro (Rd, 2021).

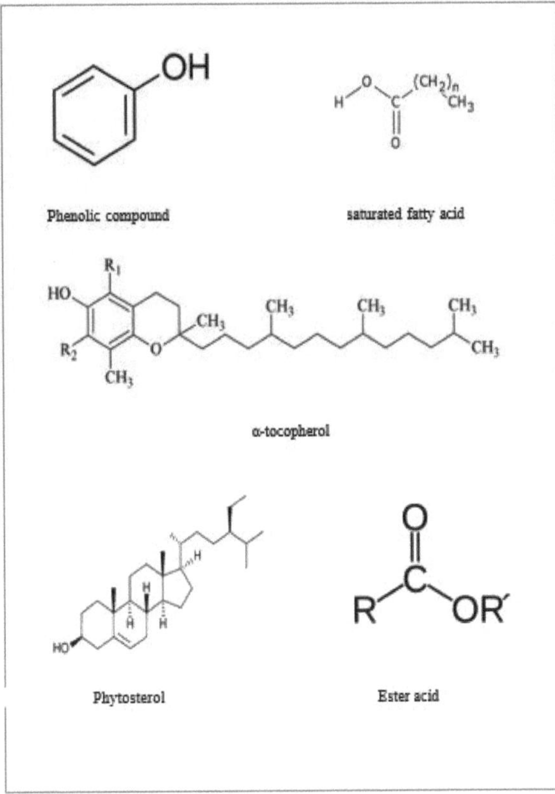

Figura 2.5: Composto bioativo do desejo na flor da cana-de-açúcar, adotado de (Molina-Cortés et al., 2023).

2.6 Antioxidante

Os antioxidantes são substâncias químicas naturais ou artificiais que têm o potencial de prevenir ou adiar o aparecimento de alguns tipos de danos celulares provocados pelos radicais livres. Os radicais livres são moléculas inerentemente instáveis que são produzidas pelo corpo como resposta a várias forças externas (Natalie Olsen,2018). Os antioxidantes são substâncias que normalmente impedem a oxidação das proteínas e dos lípidos. Têm um papel fundamental na prevenção de muitas doenças corporais nocivas, incluindo o cancro e a inflamação. É possível que o efeito preventivo que os fitoquímicos desempenham na patogénese de muitas doenças crónicas esteja relacionado com a atividade antioxidante que possuem. Isto porque o corpo humano produz um número excessivo de oxidantes (espécies reactivas de oxigénio e espécies reactivas de azoto) durante a patogénese destas doenças. (Zhang, 2015). É possível que exista uma relação direta entre a atividade antioxidante total e o conteúdo fenólico global dos extractos fitoquímicos de uma variedade de plantas. Os frutos com maior teor de fenólicos totais têm uma atividade antioxidante mais forte do que os frutos com menor teor de fenólicos totais (Zhang, 2015). Os compostos fenólicos, as vitaminas e os carotenóides são alguns exemplos de antioxidantes que estão constantemente presentes nas plantas. Normalmente, os compostos antioxidantes de origem vegetal são mais práticos para a indústria alimentar (Ahn, 2022). Uma vez que os antioxidantes sintéticos podem ser prejudiciais para a saúde humana, os antioxidantes naturais são preferíveis. O cancro, a diabetes de tipo 2 e as doenças cardiovasculares estão entre as mais comuns das numerosas doenças crónicas que podem ser evitadas se os indivíduos consumirem antioxidantes suficientes. Os fitoquímicos antioxidantes possuem geralmente poderosas capacidades antioxidantes, de eliminação de radicais livres e anti-inflamatórias, que servem de base a várias bioactividades adicionais e vantagens para a saúde. Por este motivo, as plantas que contêm compostos antioxidantes devem ser mais exploradas para desenvolver novas variedades de plantas que possam ser utilizadas nas dietas diárias ou na indústria farmacêutica.

2.7 Teste de Antioxidantes

Neste estudo, serão utilizadas técnicas não cromatográficas, pelo que será realizado um ensaio de rastreio fitoquímico para encontrar a atividade antioxidante do Saccharum Edule. As substâncias químicas provenientes das plantas são conhecidas como fitoquímicos, e a expressão é frequentemente utilizada para designar os numerosos produtos metabólicos secundários presentes nas plantas. A realização de um ensaio de rastreio fitoquímico é crucial na investigação de compostos bioactivos. Este processo fácil fornece resultados imediatos e permite a identificação de diferentes tipos de fitoquímicos presentes numa amostra (Sasidharan, 2010). A análise fitoquímica implica a realização de testes específicos para determinar os vários tipos de fitoquímicos presentes nas plantas, obtidos através da extração de um extrato bruto do material vegetal.

O ensaio de rastreio fitoquímico detecta metabolitos secundários, incluindo alcalóides, flavonóides, saponinas, esteróides, taninos e fenóis (Sivaraman,2018). Os extractos de plantas são submetidos a vários testes que são utilizados para determinar se estes metabolitos secundários estão presentes. A existência de numerosos fitoquímicos como saponinas, terpenóides, esteróides, antocianinas e cumarinas, bem outros metabolitos secundários, foi confirmada pela análise fitoquímica qualitativa de plantas medicinais escolhidas (Kumar Singh, 2022). A descoberta de que a Saccharum Edule contém antioxidantes facilitará a realização de estudos adicionais, que por sua vez conduzirão a uma expansão das aplicações da planta.

2.8 Estudos anteriores relacionados com a flor da cana-de-açúcar (Saccharum Edule).

Encontrar uma revisão da literatura sobre os fitoquímicos da flor da cana-de-açúcar não é fácil de obter, uma vez que esta planta não é bem plantada e, além disso, não é muito reconhecida. No entanto, é bastante fácil descobrir a sua aplicação e a história desta planta. A flor da cana-de-açúcar corresponde morfologicamente à cana-de-açúcar. Não há muitos dados moleculares que possam ser usados para determinar a origem da flor da cana-de-açúcar. O haplótipo mitocondrial de um clone foi identificado, e é o mesmo que o mais prevalente dos dois haplótipos encontrados em Saccharum Robustum. Os flavonóides dão provas do genoma nuclear, indicando que o processo de domesticação da flor de cana-de-açúcar foi semelhante ao dos clones Noble (Grivet, 2004). Há um estudo que compara os hidratos de carbono encontrados nas flores de cana-de-açúcar antes e depois de terem sido secas a uma temperatura de 150 °C, como se mostra no Quadro 2.8 (i). O estudo concluiu que o teor médio de hidratos de carbono das amostras de flores de cana-de-açúcar antes da transformação era de 4,25%, enquanto o teor médio de hidratos de carbono das amostras de flores de cana-de-açúcar após a transformação era de 5,37% (Merlin, 2017). O teor de hidratos de carbono nas amostras de flores de cana-de-açúcar é elevado em relação a outros vegetais. A análise revelou que a flor de cana-de-açúcar tinha uma quantidade significativa de hidratos de carbono, atribuída principalmente à presença de polissacáridos. Estes dois polissacáridos são especialmente responsáveis pela presença de hidratos de carbono. Um estudo realizado em 2017 estudou os açúcares contidos no interior da flor da cana-de-açúcar, tal como mencionado na Tabela 2.8 (ii) (Emma, 2017). Os açúcares glucose e frutose actuam de forma semelhante aos antioxidantes. Os dados sobre o teor

de açúcar na flor de cana-de-açúcar indicam que a flor de cana-de-açúcar contém hidratos de carbono, fenólicos, flavonóides, alcalóides e saponinas, sendo que a maior parte deste tipo de antioxidantes contém açúcar. O flavonoide total na flor de cana-de-açúcar foi estudado, apenas uma pequena quantidade está contida na extração da flor de cana-de-açúcar, como mencionado no Quadro 2.8(iii) (Rahmat,2019). O teor de flavonóides como a quercetina, o kaempferol, a miricetina, a apigenina e a luteolina foi estudado para obter os flavonóides totais na flor da cana-de-açúcar. As propriedades antioxidantes e anti-inflamatórias da quercetina podem ajudar a aliviar o inchaço, a eliminar as células cancerígenas, a manter níveis saudáveis de açúcar no sangue e a prevenir doenças cardiovasculares (kathy,2023). Uma vez que o estudo anterior da flor da cana-de-açúcar se limita a uma fina, a cana-de-açúcar (Saccharum Officinarum) pode ser uma boa referência para a flor da cana-de-açúcar (Saccharum Edule), uma vez que partilham o mesmo género. Pode dizer-se que o composto antioxidante da flor de cana-de-açúcar (Saccharum Edule) é semelhante ao da cana-de-açúcar (Saccharum Officinarum). Foi realizado um estudo para a cana-de-açúcar que menciona o teor total de flavonóides (TFC) e o teor total de fenólicos (TPC) utilizando etanol como solvente para extração, conforme mencionado no Quadro 2.8(iv)
(Feng, 2013).

Quadro 2.8 (i): Alguns estudos anteriores sobre o teor de hidratos de carbono antes e depois do processo de secagem

Repetição Teor de hidratos de carbono (%)

	Antes do processo de secagem	Após o processo de secagem
i	4.35	6.32
ii	4.16	4.42
Média	4.25	5.37

Tabela 2.8 (ii): Alguns estudos anteriores sobre o teor de açúcar total na flor e na bainha da flor da can(%)

Conteúdo (por grama)	Flor de cana-de-açúcar (%)	Bainha da flor da cana-de-açúcar (%)
Açúcar total	0.00	0.48

Tabela 2.8 (iii): Alguns estudos anteriores sobre o componente flavonoide da massa seca da flor da cana-de-açúcar por 100mg

Flavonoid Component	Dry mass/100mg(mg)
Quercetin	3.77
Myricetin	-
Total flavonoid content	204.4

Quadro 2.8 (iv): Alguns estudos anteriores sobre a cana-de-açúcar (Saccharum Officinarum)

Antioxidant test	Total Flavonoid Content (TFC)	Total Phenolic Content (TPC)
Content amount	408.62 mg	866.75 mg

CAPÍTULO 3
MATERIAL E MÉTODOS

3.1 Material
3.1.1 Planta amostra

Foi recolhida uma amostra de flores frescas de cana-de-açúcar (Saccharum Edule) agricultor de Melaka. A amostra foi posteriormente selecionada com base no seu estádio de maturidade para a realização da investigação.

3.1.2 Instrumento e aparelho

Os produtos químicos e o equipamento para esta investigação são: metanol, carbonato de sódio, ácido gálico, folina ciocalteu, quercetina, nitrato de sódio, cloreto de alumínio, hidróxido de sódio, ácido acético, ácido sulfúrico, clorofórmio, reagente de dragendoff, ácido tânico, água destilada, faca, tábua de cortar, garrafa destilada, béquer de 1000 mL, bacia, bandeja, misturador elétrico seco, balão cónico de 500 mL, pano de musselina, Whatman n.º 1 papel de filtro, folha de alumínio, funil de filtração, copo de 500 ml, balão de fundo redondo de 500 ml, frasco universal, placa de Petri, frasco escuro de 100 ml, frasco cónico, cuvete, tubo de ensaio, frasco cónico de 10 ml, copo de 50 ml, pipeta de plástico, seringa de 5 ml, frasco de GC-MS, seringa de filtração, microcentrifugadora e evaporador rotativo, espetrofotómetro UV-Vis, máquina de GC-MS.

3.2 Método
3.2.1 Preparação da amostra de flor de cana-de-açúcar

A flor de cana-de-açúcar foi lavada 2 a 3 vezes com água corrente da torneira e com água destilada para remover o pó ou outros contaminantes. A fim de obter um fluxo de ar ótimo e acelerar o processo de secagem, a flor de cana-de-açúcar foi cortada em pequenos pedaços. A amostra foi seca durante 48 horas, sendo continuamente virada e evitando a luz solar direta. A flor de cana-de-açúcar é subsequentemente moída em pó para facilitar a extração com um misturador elétrico seco (Bibi Sadeer,2020).

3.2.2 Maceração de amostras secas em pó

Durante dois dias, à temperatura ambiente, 50 g de pó seco são embebidos em metanol numa proporção de 1:10. O frasco cónico foi enchido com a solução de metanol e a amostra de pó seco, e deve ser fechado corretamente e coberto de forma segura com folha de alumínio antes de ser armazenado num local escuro durante 48 horas (Abubakar,2020).

3.2.3 Filtração do extrato

A amostra foi filtrada com um funil de filtragem de 100 mm para obter o extrato da planta. Para extrair o material vegetal, coloca-se um pano de musselina por cima do funil de filtragem e um copo por baixo. O processo de filtração é então mais uma vez com papel de filtro Whatman n.º 1 (Rachel, 2013).

3.2.4 Concentração da amostra por evaporação rotativa

A amostra foi filtrada antes de ser vertida num balão de fundo redondo para obter o extrato bruto. Em seguida, o balão foi colocado num evaporador rotativo. A 40 °C e 80 rpm, o processo de evaporação continua. O caudal de água através da câmara de destilação foi igualmente previsto. Para calcular a massa do extrato bruto, é necessário pesar o balão de fundo redondo antes e depois de o filtrado ser vertido no mesmo. O extrato bruto da planta guardado num frasco universal com tampa e mantido no frigorífico para garantir a qualidade do extrato bruto ainda em bom estado.

3.2.5 Análise de compostos activos e identificação

a) Identificação do composto ativo por cromatografia gasosa/espetrometria de massa (GC-MS)

Antes de utilizar a máquina GC-MS, a amostra deve ser limpa através da limpeza da micro-seringa. Pesou-se 1 mg de extrato bruto numa micro balança com uma microcentrífuga. O extrato bruto foi em seguida adicionado a 1 mL de metanol. A mistura foi bem agitada antes de ser enviada para o instrumento GC-MS. Antes de analisar no GC-MS, 1 mL da mistura foi injetado num frasco de vidro GC-MS de 2 mL utilizando uma seringa e um filtro para garantir que não existem partículas grandes na solução3. 1µL de extrato bruto de metanol com micro-seringa e pronto a injetar no MS. Tanto a linha de transferência de massa como o injetor têm as suas temperaturas reguladas a 70 °. A temperatura no forno foi regulada para aumentar de 10 °C para 300 °C a um ritmo de 9 minutos, permanecendo a um nível isotérmico durante 45 minutos. No entanto, ao produzir o extrato a partir das amostras de plantas, é necessário garantir que os eventuais componentes activos não se percam, alterem ou sejam destruídos durante o processo. Cromatograma de paragem após a formação completa do líquido (Goutam ,2014)

3.2.6 Teste de antioxidantes

a) Conteúdo fenólico total (TPC)

O ácido gálico foi preparado para a calibração padrão adicionando 3,16 mL de água destilada e 0,2 mL de Reagente de Follin Ciocalteu (FCR) por gota num frasco castanho. Depois disso, 0,6 mL de carbonato de sódio (Na2CO3) e 40 µL de ácido gálico. Cada frasco castanho foi adicionado respetivamente com diferentes concentrações, que são 50, 100, 250 e 500 mg/mL, mas para o branco não foi adicionado ácido gálico. Agitar vigorosamente e incubar durante 2 horas à temperatura ambiente. Para a amostra, 40 µLde ácido gálico foram substituídos por 40. Por fim, medir a absorvância a 765 nm utilizando o espetrofotómetro UV-Vis. Foi construída uma curva de calibração padrão para o ácido gálico a várias concentrações e o conteúdo fenólico da amostra foi interpretado e expresso como mg/equivalente de ácido gálico. O conteúdo fenólico total será calculado utilizando y=mx + c a partir da curva padrão. O valor da absorvância da amostra foi substituído pelo valor de y para obter o valor de x, que é a concentração de ácido gálico da amostra. O composto fenólico total será determinado utilizando a fórmula abaixo (Saeed,2012).Conteúdo fenólico total, y= mx+ c

b) Teor total de flavonóides (TFC)

Foram utilizados 5 mg de quercetina com 10 ml de metanol para efetuar a calibração padrão. 40 µL, 80, 120 µL, 160e 200de solução de estoque de quercetina para fazer 20, 40, 60, 80 e 100 mg/mL de concentração em 50 mL de água destilada. Esta solução padrão está pronta para ser verificada a absorvância usando espetrofotometria UV-Vis. Para a amostra, 1 mL de extrato bruto em 5 mL de água destilada será adicionado ao tubo de ensaio e adicionar 0,3 mL de Nitrato de Sódio 5% ($NaNO_3$) e esperar 5 minutos. seguida, adicionar 0,60 mL de Cloreto de Alumínio 10% ($AlCl_3$) e aguardar novamente por 5 minutos. Após 5 minutos, 2 mL de Hidróxido de Sódio (NaOH) e adicionar água destilada até 10 mL. verificar a absorbância para 510 nm utilizando Espectrofotometria UV-Vis (Heinrich,2021).

c) Teor total de taninos (TTC)

Utilizando 15 mg de ácido tânico, este foi dissolvido em 15 mL de água destilada para fazer uma solução padrão de ácido tânico. Tomar 20 µL, 40 µL, 60 µL, 80e 100 µL e diluir com água destilada até 500 µL. A concentração passa a ser de 2, 4, 6, 8 e 10 mg/mL. Cada tubo de ensaio foi adicionado com 250 µL de Reagente de Follin Ciocalteu (FCR) e 1250 µL de solução de carbonato de sódio a 35% (Na_2CO_3). Para a amostra, 0,5 mL de extrato bruto foi adicionado em balão volumétrico de 10 mL que contém 500 µL de água destilada e 0,5 mL de Reagente Follin Ciocalteu (FCR). Adicionar 1250 mL de solução de carbonato de sódio a 35% (Na_2CO_3) e diluir com 10 mL de água destilada. Agitar bem a mistura e mantê-la à temperatura ambiente durante 30 minutos. Medir contra o branco a 725 nm usando espetrofotometria UV-Vis (Bhatt & Parajuli, 2017).

d) Teor total de alcalóides (TAC)

O teste qualitativo foi medido para o teste do teor de alcalóides utilizando o método de dragendorff. 2 mL de extrato bruto foram adicionados ao tubo de ensaio e 1 mL de reagente de dragendorff foi adicionado depois disso. Os vermelhos alaranjados indicam a presença de alcaloide (Othman et al., 2019).

e) Teor de saponinas totais (TSC)

O teste qualitativo foi efectuado através do teste de espuma para a saponina. Foi efectuado o teste de espuma para verificar a existência de saponinas. Foram colocados 3 mL de extrato bruto no tubo de ensaio. Em seguida, foram adicionados 10 mL de água destilada. A mistura foi imediatamente agitada. O teste positivo mostra espuma que resiste por 2 a 5 minutos (Othman et al., 2019).

f) Teor total de esteróides (TSC)

Adiciona-se cerca de 0,05 g de extrato bruto ao tubo de ensaio. Adicionam-se ao tubo de ensaio 10 gotas de ácido acético concentrado e 2 gotas de ácido sulfúrico concentrado, respetivamente. A mistura foi agitada suavemente e deixada em repouso durante alguns minutos. A presença de esteróides apresenta uma cor azul ou verde (Leen Othman, 2014).

g) Teor total de terpenóides (TTC)

0,5 mL de extrato bruto foram adicionados a um tubo de ensaio e foram adicionados 5 mL de metanol. Depois disso, a mistura foi adicionada com 2 mL de clorofórmio. A mistura é aquecida e arrefecida em seguida. 3 mL de ácido sulfúrico foram adicionados lentamente ao longo do tubo de ensaio. A medição qualitativa foi efectuada através de alterações de cor, ou seja, a cor mudará para castanho-rabilho, indicando a presença de terpenóides.

FLUXOGRAMA DA ACTIVIDADE DE INVESTIGAÇÃO

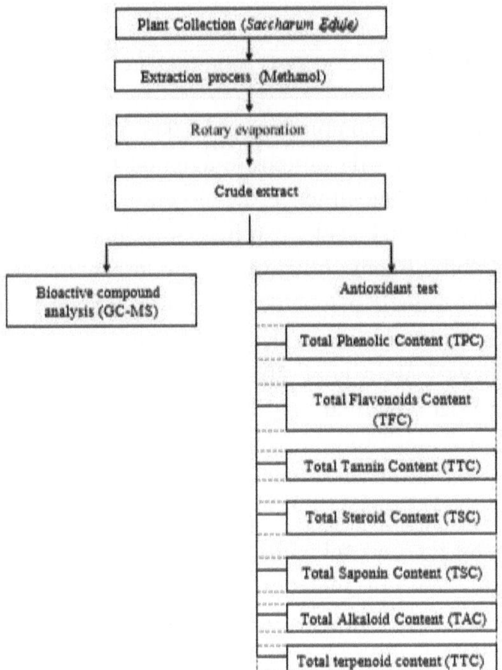

Figura 3: Fluxograma das actividades de investigação

CAPÍTULO 4
RESULTADOS E DISCUSSÃO

4.1 Amostra Preparação

A flor de cana-de-açúcar foi comprada em Melaka. A amostra foi preparada por lavagem com água corrente da torneira e água destilada durante 3 vezes. A amostra foi cuidadosamente limpa e depois cortada em pequenos pedaços para facilitar o fluxo de ar e acelerar o processo de secagem. A secagem ao ar é um método habitualmente utilizado para conservar frutos e legumes. O principal objetivo é reduzir o teor de água para o nível mínimo, a fim de evitar interações microbianas que conduzam à deterioração e ao apodrecimento (Vega-Gálvez et al, 2009). A amostra também foi cortada em pequenos pedaços para facilitar o fluxo de ar. A amostra foi seca ao ar durante 48 horas à temperatura ambiente, sem exposição direta à luz solar. Amostra seca que foi moída com um misturador de alimentos secos para o processo de maceração.

Depois de a amostra ter sido submetida a secagem ao ar e transformada pó, foi depois mergulhada em metanol durante 72 horas. A extração por solventes é uma técnica muito utilizada para extrair compostos de várias substâncias, incluindo plantas e óleos. Para esta análise, foi utilizado metanol para a extração. O metanol, que é um solvente polar, é solúvel em água e é normalmente utilizado em métodos de extração. O metanol é um solvente eficaz para extrair uma vasta gama de compostos, incluindo polifenóis, flavonóides e moléculas bioactivas (Borges, 2020). O composto antioxidante desejado na Saccharum Edule consiste em terpenóides, esteróides, flavonóides, alcalóides, saponinas, taninos e conteúdo fenólico. Estes compostos podem ser extraídos utilizando um solvente metanol. Neste procedimento, uma amostra de 50 g foi misturada em metanol dentro de um frasco cónico para obter um extrato bruto. O frasco foi então coberto com folha de alumínio para evitar a evaporação e protegê-lo da luz solar direta durante 72 horas. Nesta investigação, o metanol foi utilizado como solvente para extrair todos os compostos activos e bioactivos presentes na Saccharum Edule. Estes compostos serão avaliados utilizando GC-MS e testes antioxidantes. A cor da amostra tornou-se amarela acastanhada, como indicado no quadro 4.1 (i), e após 72 horas a cor original era amarelo pálido, uma vez que o metanol é incolor e a flor de cana-de-açúcar era ligeiramente amarela. A maceração é um processo de enzimática ou química dos tecidos vegetais que permite extrair células individuais, preservando as suas caraterísticas. A maceração é o processo de amolecimento dos tecidos vegetais através da eliminação de componentes interligados, como as paredes celulares e as substâncias químicas intercelulares.

Quadro 4.1 (i): Aspeto (cor) da amostra antes e depois do processo de maceração

Appearance	Colour
Before	Pale yellow
After	Yellow-brownish

O peso original da amostra, misturada com metanol, é de 331,57 g antes do processo de maceração. O processo de maceração termina após 72 horas, resultando num extrato de planta com um peso de 329,24 g e, após rotativa, o extrato bruto passa a 22,94 g, como indicado na Tabela 4.1(ii). Pode ocorrer uma diminuição do peso material vegetal durante a maceração devido à perda de água e de outros componentes voláteis (Subramanian, 2023). No entanto, o processo de maceração leva a uma pequena redução do peso, embora esta redução não seja suficientemente significativa para impedir a atividade de extração ou afetar a qualidade do produto.

Tabela 4.1(ii): Peso dos extractos brutos antes e depois da evaporação rotativa.

Extraction	Weight of the crude extract (g)
Plant extract	329.24
Crude extract	22.94

Após o processo de maceração, o processo seguinte para obter o extrato bruto é a utilização do evaporador rotativo. O metanol tem um ponto de ebulição de cerca de 64,7 º C e um ponto de fusão de- 97,6 º c. Apresenta solubilidade em água e outros solventes polares, tornando-o um solvente valioso para a obtenção de extrato bruto (Chatterjee,2019). Ao diminuir a pressão dentro do balão, 64,7 ºc definido como ponto de ebulição do metanol é bastante reduzido, levando a um processo acelerado de evaporação e separação a baixas temperaturas. Este processo é rápido e não altera a composição da amostra. O tempo necessário para a extração por evaporador rotativo é de 1 hora e 30 minutos, como indicado na Tabela 4.1 (iii).

Quadro 4.1.iii): Tempo de evaporação dos extractos de metanol

Boiling point (°C)	Time taken
64.7	1 hour 30 minutes

4.2 Composto bioativo Teste

A figura 4.2 indica o composto bioativo contido no Saccharum Edule utilizando 1 mg de extrato bruto e 1 ml de metanol, que foram analisados por um instrumento GC-MS para encontrar o seu composto bioativo.

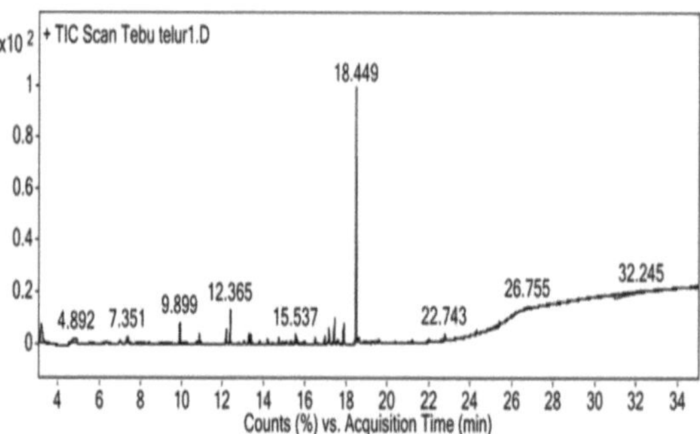

Figura 4.2: Composto bioativo encontrado em Saccharum Edule

Quadro 4. 2: Composto bioativo identificado no extrato metanólico de Saccharum Edule

Não	RT	Nome do composto	Fórmula molecular	Peso molecular (g mol)	Área de pico (%)	Natureza do composto
1	6.97	1,2,3-Propatriol, 1-	C3H8O3	92.09	4.20	Glicerol
		indol-4-il(éter)				
2	10.86	Ciclo-hexano, 1,1'-	C16H30	91.09	4.00	Álcool
		(2-metil-1,3-				
		propanodil)				
3	12.37	Fenol, 2,4-bis(1,1-	C17H30OSi	150.22	4.04	Fenol
		dimetiletil)-				

4	13.28	Ácido acético, cloro-,	C4H7ClO	122.55	12.1	Acético
		éster octadecílico			3	ácido
5	13.81	Triisobutil(3-	C21H38OSi	334.60	1.46	fenol
		fenilpropoxi)				
		silano				
6	16.92	Ácido pentadecanóico,	C15H30O2	242.40	2.61	Ácidos gordos
		13-metil-, metil				
		este				
7	17.14	Benzenepropanóico	C18H28O3	292.41	6.13	Ácido éster
		ácido, 3,5-bis(1,1-				
		dimetiletil)-4-				
		hidroxi-, metil				
		éster				
8	18.45	1-Octadecanol	CH3(CH2)16C	270.49	100	saturado
			H2OH			gordo
						álcool

O extrato bruto foi identificado utilizando GC-MS para obter compostos bioactivos. O resultado do composto bioativo que foi identificado é apresentado na Tabela 4.2. O instrumento GC-MS confirmou a presença de 8 compostos com o tempo de retenção: 6,97, 10,86, 12,37, 13,28, 13,81, 16,92, 17,14 e 18,45. O primeiro composto bioativo que foi captado por GC-MS é o glicerol (C3H8O3) com tempo de retenção 6,97 e área de pico de 4,2 %, que é 1,2,3-Propatriol, 1-indol-4-il(éter). O peso do glicerol é de 92,09 g mol. De seguida, o álcool (C16H30) foi encontrado no Saccharum Edule com um tempo de retenção de 10,86 e uma área de pico de 4,00 %. O composto existente amostra é o ciclo-hexano, 1,1'-(2-metil-1,3-propanodil) com um peso de 91,09 g mol. Os compostos bioactivos presentes nas plantas desempenham um papel crucial na realização de diversas tarefas, incluindo a defesa contra predadores, agentes patogénicos e stresses ambientais (Sasidharan, 2011). As substâncias bioactivas do álcool são metabolitos secundários presentes nas plantas. O fenol foi encontrado em Saccharum Edule no tempo de retenção de 12,37 e 13,806 com uma área de pico de 4,04

% e 1,46 %, respetivamente. O fenol, 2,4-bis(1,1-dimetiletil)- com peso molecular de 150,22 g mol e o triisobutil(3-fenilpropoxi) silano com peso molecular de 334,60 g mol foram identificados na amostra. Os compostos fenólicos têm propriedades antibacterianas e antioxidantes que ajudam as plantas a prevenir infecções patogénicas e a proteger os tecidos principais dos efeitos nocivos das espécies reactivas de oxigénio. (Kumar,2020). Os produtos químicos fenólicos melhoram os mecanismos de defesa das plantas ao funcionarem como antioxidantes, combatendo os factores de stress abiótico no interior das células vegetais. O ácido acético (C_4H_7ClO), também , foi encontrado em Saccharum Edule com um tempo de retenção de 13,28 e uma área de pico de 12,13 %. O ácido acético, cloro-, éster octadecílico com 122,55 g mol foi encontrado por GC-MS. O ácido acético pode ajudar as plantas a reduzir os impactos das inundações, reduzindo a absorção de água através do seu controlo das fito-hormonas e da cromatina. (Kudo,2023). O ácido acético desempenha funções essenciais na biologia vegetal e pode ter impacto em muitos processos vegetais, incluindo o crescimento, o desenvolvimento e a resposta ao stress. O ácido gordo ($C_{15}H_{30}O_2$) foi encontrado na amostra com um tempo de retenção de 16,92 e uma área de pico de 2,61 %. O composto bioativo existente é o ácido pentadecanóico, 13-metil-, éster metílico com 242,40 g mol. É possível que alguns óleos vegetais contenham quantidades vestigiais de ácidos gordos. O ácido pentadecanóico, 13-metil-, éster metílico é um éster metílico raro de ácidos gordos de cadeia longa que pode ser utilizado como biomarcador ou padrão interno (Britannica,2023). Existem numerosos domínios científicos, incluindo a medicina, que utilizam biomarcadores para ajudar a limitar ou orientar as decisões de tratamento. Os ácidos gordos das plantas podem ajudar no armazenamento de energia, na síntese de hormonas e na proteção dos órgãos. O ácido éster ($C_{18}H_{28}O_3$) também foi encontrado em Saccharum Edule, que é o ácido benzenepropanóico, 3,5-bis(1,1-dimetiletil)-4-hidroxi, éster metílico com 292,41 g mol no tempo de retenção de 17,13 e área de pico de 6,13 %. Os ésteres são um conjunto diversificado de compostos moleculares presentes nas plantas. Os ésteres são produzidos através da interação química entre um álcool e um ácido carboxílico, levando à criação de uma ligação éster (Deng,2022). O álcool gordo saturado ($CH_3(CH_2)_{16}CH_2OH$) também foi encontrado em Saccharum Edule com um peso molecular de 270,49 g mol. O tempo de retenção do 1-Octadecanol é de 18,45 com uma área de pico de 100 %. Os ácidos gordos saturados desempenham um papel na composição lipídica e na função das membranas das plantas, afectando a sua capacidade de responder aos desafios ambientais e de manter as funções fisiológicas (Mensink, 2013). Os ácidos gordos saturados são essenciais para a atividade das plantas, especificamente na formação das membranas vegetais.

4.3 Antioxidante actividades
4.3.1 Conteúdo fenólico total (TPC)

A quantificação do teor global de fenólicos foi conseguida através da utilização do reagente Folin Ciocalteu e da observação posterior através de espetrofotometria UV-Vis, empregando técnicas calorimétricas. Utilizando o método de Folin-Ciocalteau, a espetrofotometria foi utilizada para determinar os fenólicos totais nos extractos. A curva de calibração para o teor de fenólicos totais do ácido gálico com diferentes concentrações de 50, 100, 250 e 500 mg/ml é apresentada na Figura e o resultado foi expresso em equivalente de ácido gálico (GAE/g) das amostras.

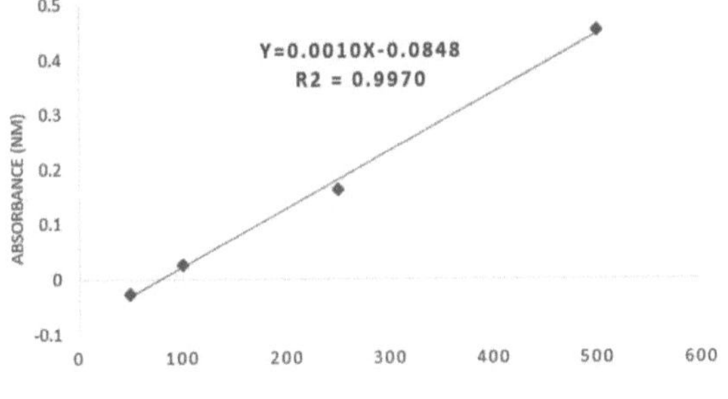

Figura 4.3.1: Curva padrão de ácido gálico

A partir curva padrão, obteve-se uma equação da curva de calibração que y=0,0010x - 0,0848 (r^2 = 0,9970). A Tabela 4.3.1 mostra o resultado do valor de absorvância do extrato bruto metanólico que foi substituído na equação e o TPC foi calculado. De entre todos os testes quantitativos, o teor de fenólicos totais em Saccharum Edule revelou ser o teor de antioxidantes mais elevado, 572,46 mg/ml, como indicado no Quadro 4.3.1. Os fenólicos, que são antioxidantes, estão presentes em várias partes das plantas, como frutos, folhas, sementes e óleos. Estes compostos têm demonstrado diversos impactos biológicos, incluindo a capacidade de atuar como antioxidantes. Ao analisar fitoquímicos em vegetais utilizando metanol, é possível identificar os compostos fenólicos presentes nos vegetais (Babbar, 2014). Os compostos fenólicos servem como antioxidantes que são benéficos para o corpo humano, inibindo a formação de radicais livres e interrompendo as reacções em cadeia. O elevado teor de fenólicos totais em alguns vegetais trará benefícios para as pessoas que os consomem. A investigação mostra que o consumo de alimentos ricos em compostos fenólicos pode promover a saúde cardiovascular e potencialmente reduzir a dor e o risco de cancro (Nardini, 2007). O consumo de alimentos com um elevado teor de fenólicos pode reduzir os problemas cardíacos devido aos seus antioxidantes, que contribuem para a redução das lipoproteínas (Kaur Kapoor, 2002). O consumo de Saccharum Edule pode oferecer vantagens para a saúde das pessoas, tornando-o um atributo vantajoso.

Tabela 4.3.1: Conteúdo fenólico total da amostra

Average Absorbance (nm)	TPC content (GAE/g)
0.21993	571.46

4.3.1 Teor total de flavonóides

O teor total de flavonóides foi determinado por meio de espetrofotometria UV-Vis calorimétrica utilizando quercetina. A curva de calibração para o teor de flavonóides totais da quercetina com diferentes concentrações de 20, 40, 60, 80 e 100 mg/ml é apresentada na figura e o resultado foi expresso em equivalente de quercetina (QE/g) das amostras.

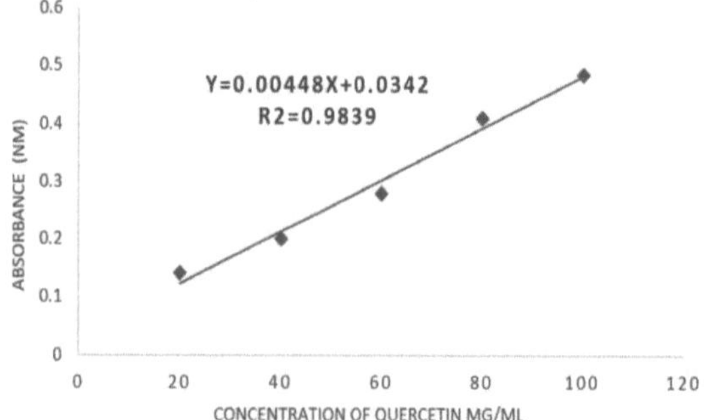

Figura 4.3.2: Curva-padrão da quercetina

A partir da curva padrão, obteve-se uma equação da curva de calibração que y=0,00448x + 0,0342 (r^2 = 0,9839). A Tabela 4.3.2 mostra o resultado do valor de absorvância do extrato bruto metanólico que foi substituído na equação e o TFC foi calculado. Os flavonóides, que se encontram nos vegetais, são metabolitos secundários que podem contribuir para a atividade antioxidante. O teor total de flavonóides em Saccharum Edule é de 21,17 (quercetina/g), como indicado no quadro 4.3.2. Os flavonóides, de acordo com estudos do USDA, são compostos naturais encontrados nas plantas, embora a sua quantidade varie consoante a espécie (Mayer, 2002). O metanol pode ser utilizado para extrair os componentes flavonóides da Saccharum Edule, empregando um extrato bruto metanólico. A razão para isto é que o metanol é um solvente polar que pode extrair eficazmente os flavonóides das plantas.

Tabela 4.3.2: Teor de flavonóides totais da amostra

Average Absorbance (nm)	TPC content (Quercetin/g)
0.303	21.17

4.3.2 Tanino total Teor

O teor total de taninos foi determinado por espetrofotometria UV-Vis calorimétrica, utilizando ácido tânico. A curva de calibração para o teor de taninos totais do ácido tânico com diferentes concentrações de 2, 4, 6, 8 e 10 mg/ml é apresentada na Figura 4.3.3 e o resultado foi expresso em equivalente de quercetina (QE/g) das amostras.

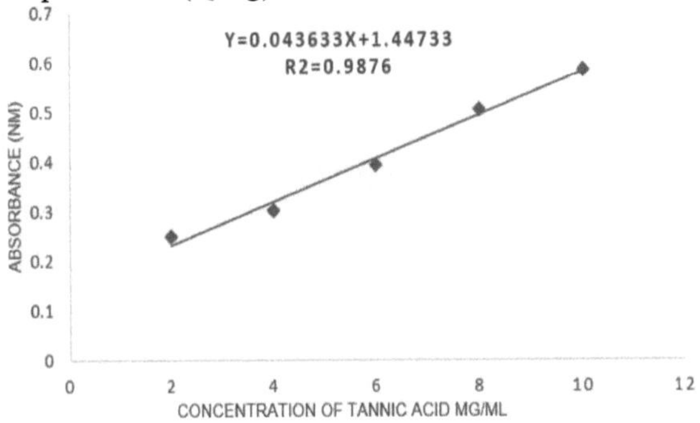

Figura 4.3.3: Curva-padrão do ácido tânico.

A partir da curva padrão, obteve-se uma equação da curva de calibração que y=0,0436333 x+ 1,44733 (r²= 0,9876). A Tabela 4.3 mostra o resultado do valor de absorvância do extrato bruto metanólico que foi substituído na equação e o TTC foi calculado. Como indicado na Tabela 4.3.3, o teor total de taninos em Saccharum Edule é apenas 1,070 (ácido tânico/g), o que é baixo em teor de taninos. É possível que o teor total de taninos seja baixo nalguns produtos hortícolas. O tanino contém frequentemente um fator antinutriente, comum nos legumes verdes. Tem-se afirmado que o consumo de vegetais com elevado teor de compostos de tanino pode trazer benefícios para a saúde, mas vários estudos salientaram o impacto negativo que a ingestão de vegetais que contêm ácido tânico tem nos tecidos do trato gastrointestinal (Ojo,2022). Assim, as pessoas que necessitam de reduzir o seu consumo de taninos para fins de saúde podem beneficiar do consumo de legumes com baixa quantidade de taninos.

Tabela 4.3.3: Teor de taninos totais da amostra

Average Absorbance (nm)	TTC content (TAE/g)
0.4065	1.070

4.3.3 Alcaloide total Teor

O teor de alcalóides totais foi determinado utilizando o reagente de dragendroff. O reagente de Dragendroff, de cor laranja, foi adicionado ao ácido acético, que é incolor. As alterações de cor da amostra após a adição do reagente de Dragendorff e do ácido acético são apresentadas no quadro 4.3.4.

Tabela 4.3.4: Teor de alcalóides totais da amostra

A amostra	Cor da amostra	Atividade antioxidante (+/-)
Extrato metanólico	Vermelho alaranjado	Positivo (+)

A cor da amostra muda de amarelo acastanhado para vermelho alaranjado, como indicado na Tabela 4.3.4. As alterações de cor indicam a presença de alcalóides na amostra. O reagente de Dragendorff é um reagente de cor utilizado para a identificação de alcalóides numa determinada amostra ou como corante para a amostra. A presença de alcalóides na solução da amostra resultará numa reação com o reagente de Dragendorff, levando à formação de um precipitado laranja ou vermelho-alaranjado (Sreevidya,2003). Muitas plantas contêm uma gama diversificada de alcalóides, com muitos alcalóides a coexistirem numa única planta. O processo de biossíntese dos alcalóides é geralmente comparável entre diferentes plantas, resultando em estruturas químicas semelhantes. As plantas pertencentes à mesma família partilham frequentemente um núcleo parental comum ou têm compostos com a mesma estrutura. (Yubin,2014).

4.3.4 Total Teor de saponinas

O teor de saponina total foi determinado utilizando apenas água destilada. A mistura formará uma espuma no topo da amostra e 2-5 minutos. A existência de espuma foi registada e os dados são apresentados na Tabela 4.3.5

Quadro 4.3.5: Teor de saponinas totais da amostra

A amostra	Medida qualitativa	Atividade antioxidante (+/-)
Extrato metanólico	Presença de espuma	Positivo (+)

A presença de espuma, como se vê no quadro 4.3.5, indica que existe saponina no Saccharum Edule e pode 5 minutos após a adição água destilada à amostra. As saponinas são glucósidos vegetais, conhecidos como sapogenóis ou sapogeninas, que se encontram em muitas espécies vegetais. São classificadas como antecipinas e possuem a capacidade de gerar espuma (Di gioia,2019). A presença de espuma à superfície indica que o Saccharum Edule possui um forte sabor e adstringência.

4.3.5 Esteróides totais Teor

O teor de esteróides totais é medido utilizando ácido acético e ácido sulfúrico, que provocam uma mudança de cor para azul ou verde. As alterações de cor são apresentadas no quadro 4.3.6

Tabela 4.3.6: Teor de esteróides totais da amostra

A amostra	Cor da amostra	Atividade antioxidante (+/-)
Extrato metanólico	Amarelo acastanhado	Negativo (-)

O resultado do teor de esteróides em Saccharum Edule é negativo, uma vez que a cor da amostra não muda para azul ou verde após a aplicação de ácido sulfúrico e ácido acético. Os esteróides são um grupo de substâncias químicas caracterizadas por uma estrutura distinta composta por quatro anéis de átomos de carbono (Kumar, 2009). Os esteróides estão normalmente presentes nas plantas, mas nem todas as plantas contêm esteróides. Vários estudos mostraram a separação e a análise de compostos esteróides a partir de extractos de metanol de diferentes componentes de plantas, como raízes, plantas inteiras e casca de raízes (Nigussie, 2015). O metanol tem a capacidade de extrair esteróides, no entanto, pode que não há presença de esteróides nesta amostra.

4.3.6 Terpenóide total Conteúdo

Teste do teor total de terpenóides pelo teste de Salkowski, utilizando clorofórmio e ácido sulfúrico, que mudará a cor para castanho-rabanete. As mudanças de cor são mostradas na Tabela 4.3.7.

Tabela 4.3.7: Teor total de terpenóides da amostra

A amostra	Cor da amostra	Atividade antioxidante (+/-)
Extrato metanólico	Amarelo pálido	Negativo (-)

O teor de terpenóides em Saccharum Edule é negativo, pelo que a cor da amostra não muda para castanho-rabilho e a aparência da cor é amarelo-pálido. Depois de misturada com clorofórmio e ácido sulfúrico, a amostra deveria mudar para castanho-rabilho, mas a cor da amostra não muda para isso. De facto, as plantas possuem tipicamente terpenóides, uma categoria de moléculas orgânicas que são produzidas naturalmente e derivadas do componente de 5 carbonos isopreno. Estes terpenóides incluem terpenos, diterpenos e outros compostos relacionados (Jiang,2016). O metanol é um solvente frequentemente utilizado para a extração de terpenóides de material vegetal. Após a utilização do extrato bruto metanólico, o teor de terpenóides também não pode ser detectado nesta amostra.

CAPÍTULO 5
CONCLUSÃO E RECOMENDAÇÃO

Em conclusão, o Saccharum Edule foi isolado com sucesso e os seus compostos bioactivos e atividade antioxidante foram identificados. A Saccharum Edule foi macerada com solvente metanol. Ao longo da investigação, o extrato bruto metanólico foi utilizado porque o metanol é um solvente polar que pode extrair uma grande quantidade de bioactivos e antioxidantes que outros solventes podem não conseguir extrair. O principal composto bioativo encontrado na amostra de extrato bruto metanólico é o 1,2,3- Propatriol 1-indol-4-il (éter), Ciclohexano 1,1'- (2-metil-1,3-propanodil), Fenol 2,4- bis (1,1-dimetiletil)-, éster cloro-octadecílico do ácido acético, triisobutil(3-fenilpropoxi)silano, éster 13-metil-metil do ácido pentadecanóico, ácido benzenepropanóico, éster 3,5-bis(1,1-dimetiletil)-4-hidroximetil e 1-Octadecanol. Este composto bioativo tem os seus próprios benefícios para quem o consome. Possuem a capacidade de funcionar como antioxidantes, antimicrobianos, agentes anticancerígenos, agentes anti-inflamatórios, agentes antivirais e outras substâncias benéficas. O metanol é um bom solvente que permite uma boa extração do composto antioxidante. Dos 7 tipos de teste antioxidante, 5 tipos de teste são o teor fenólico total (TPC), o teor total de flavonóides (TFC), o teor total de taninos (TTC), o teor total de alcalóides (TAC) e o teor total de saponinas (TSC). Apenas dois testes não apresentam um resultado positivo, nomeadamente o teor total de esteróides (TST) e o teor total de terpenóides (TTT). Pode dizer-se que o Saccharum Edule contém uma grande quantidade de compostos antioxidantes adequados para consumo humano, identificados por extração com metanol. A caraterística do composto encontrado no extrato bruto metanólico pode ser ainda identificada utilizando outros métodos, tais como 2,2-Difenil-1-picrilhidrazil (DPPH), o composto bioativo também pode ser ainda identificado utilizando imunoensaio e Infravermelho com Transformada de Fourier (FTIR). Pode também ser identificado através de outras técnicas cromatográficas, como a cromatografia líquida de alta resolução (HPLC) e a cromatografia em camada fina (TLC). Além disso, podem também ser utilizadas técnicas não cromatográficas, como o imunoensaio e o infravermelho com transformada de Fourier (FTIR), para identificar a atividade antioxidante, antimicrobiana e antidiabética. Os compostos bioactivos e a atividade antioxidante presentes no Saccharum edule possuem um potencial significativo para um estudo mais aprofundado, com o objetivo de obter resultados adicionais que possam contribuir potencialmente para a prevenção ou tratamento de várias doenças ou enfermidades. Vegetais inexplorados , como o Saccharum edule, que podem ser cultivados em países tropicais como a Malásia, devem ser reconhecidos pelos seus potenciais benefícios para quem os consome. A realização de investigação adicional sobre o Saccharum Edule seria vantajosa para obter remédios alternativos feitos pela própria planta, que são mais saudáveis do que os remédios sintéticos.

REFERÊNCIA

Abu, Mat Taib, Mohd Moklas, & Mohd Akhir, S. (2017). Propriedades antioxidantes do extrato bruto, extrato de partição e meio fermentado da flor de Dendrobium sabin. Medicina complementar e alternativa baseada em evidências, 2017.

Abubakar, & Haque. (2020). Preparação de plantas medicinais: Procedimentos básicos de extração e fracionamento para fins experimentais. Journal of pharmacy & bioallied sciences, 12(1), 1.

Akhtar, & Mirza. (2018). Análise fitoquímica e avaliação abrangente das propriedades antimicrobianas e antioxidantes de 61 espécies de plantas medicinais. Revista árabe de química, 11(8), 1223-1235.

Aldughaylibi, Raza, Naeem, Rafi, Alam, Souayeh, & Mir, T. A. (2022). Extração de compostos bioactivos para aplicações antioxidantes, antimicrobianas e antidiabéticas. Molecules, 27(18), 5935.

Alp, & Bulantekin (2021). A qualidade microbiológica de vários alimentos secos através da aplicação de diferentes métodos de secagem: uma revisão. Investigação e Tecnologia Alimentar Europeia, 247, 1333-1343.

Anggorowati, P. Y. (2016). A influência da concentração de tempeh e da concentração de enchimento nas caraterísticas das pepitas de flores de cana-de-açúcar (Saccharum Edule hasskarl).

Aryal, Baniya, Danekhu, Kunwar, Gurung & Koirala. (2019). Conteúdo fenólico total, conteúdo de flavonóides e potencial antioxidante de vegetais selvagens do oeste do Nepal. Plantas, 8(4), 96.

Azmir, & K. Ghafoor. (2013). Técnicas de extração de compostos bioactivos de materiais vegetais: A review. Jornal de engenharia alimentar.

Babbar, Oberoi, Sandhu & Bhargav. (2014). Influência de diferentes solventes na extração de compostos fenólicos de resíduos vegetais e sua avaliação como fontes naturais de antioxidantes. Jornal de ciência e tecnologia alimentar, 51, 2568-2575.

Bhatt, & Parajuli (2017). Estudo sobre o conteúdo fenólico total (TPC), conteúdo flavonoide total (TFC) e atividades antioxidantes de Urtica dioica de origem nepalesa. Jornal da Sociedade Química do Nepal, 36, 68-73.

Bibi Sadeer, Montesano, Albrizio, Zengin, & Mahomoodally. (2020). A versatilidade dos ensaios de antioxidantes na ciência e segurança alimentar - química, aplicações, pontos fortes e limitações. Antioxidants, 9(8), 709.

Borges, José, Homem, & Simões. (2020). Comparação de Técnicas e

Solventes no Potencial Antimicrobiano e Antioxidante de Extractos de Acacia dealbata e Olea europaea. Antibióticos, 9(2), 48.

Chaniago, R. (2015). A análise da integração agrícola entre a planta Terubuk (Saccharum eduleHasskarl) com o gado bovino. Jurnal Galung Tropika, 38.

Chatterjee, Sugilal, & Prabhu. (2019). Transferência de calor num evaporador rotativo parcialmente cheio. Jornal Internacional de Ciências Térmicas, 142, 407-421.

Ching, J., Soh, Tan, Lee, Tan, Yang, & Koh. (2012). Identificação de compostos activos de extractos de plantas medicinais utilizando cromatografia gasosa-espetrometria de massa e análise multivariada de dados. Journal of separation science, 35(1), 53-59.

Deng, Li, Berhow, Jander, & Zhou, S. (2022). Ésteres fenólicos de sacarose: evolução, regulação, biossíntese e funções biológicas. Biologia Molecular Vegetal, 109(4-5), 369-383.

Di Gioia, & Petropoulos. (2019). Fitoestrogénios, fitoesteróides e saponinas em vegetais: Biossíntese, funções, efeitos na saúde e aplicações práticas. Em Avanços na Pesquisa em Alimentos e Nutrição. Vol. 90, 351-421.

Gao, Wang & Du. (2012). Efeito da secagem de jujubas (Ziziphus jujuba Mill.) no conteúdo de açúcares, ácidos orgânicos, α-tocoferol, β-caroteno e compostos fenólicos. Jornal de química agrícola e alimentar, 60(38), 9642-9648.

Grivet, Daniels, Glaszmann, & D'Hont. (2004). A review of recent molecular genetics evidence for sugarcane evolution and domestication. Ethnobotany Research and Applications, 2, 009-017.

Hashmi, Hossain, Weli, Al-Riyami, & Al-Sabahi. (2013). Análise por cromatografia gasosa e espetrometria de massa de diferentes extractos orgânicos brutos da planta medicinal local de Thymus vulgaris L. Asian Pacific journal of tropical biomedicine, 3(1), 69- 73.

Heinrich, M., Mah, J., & Amirkia, V. (2021). Alcalóides usados como medicamentos: A fitoquímica estrutural encontra a biodiversidade - uma atualização e um olhar para o futuro. Moléculas, 26(7), 1836.

Jiang, Kempinski, & Chappell. (2016). Extração e análise de terpenos/terpenóides. Protocolos actuais em biologia vegetal, 1(2), 345-358.

Kaur, C., & Kapoor, H. C. (2002). Anti-oxidant activity and total phenolic content of some Asian vegetables (Atividade antioxidante e conteúdo fenólico total de alguns vegetais asiáticos). International Journal of Food Science & Technology, 37(2), 153- 161.

Nardini (2022). Compostos fenólicos em alimentos: Caracterização e

benefícios para a saúde.
Molecules, 27(3), 783.

Kudo & Kim, J. M. (2023). Função simples e universal do ácido acético para superar a crise da seca. Biologia do Stress, 3(1), 15.

Kumar & Litwack (2009). Relações estruturais e funcionais do domínio de transactivação N-terminal dos receptores de hormonas esteróides. Steroids, 74(12), 877-883.

Kumar, Abedin, Singh, & Das. (2020). Papel dos compostos fenólicos nos mecanismos de defesa das plantas. Fenólicos de plantas na agricultura sustentável: Volume 1, 517-532.

Kranenburg, Verduin, Stuyver, Ridder, van Beek, Colmsee, & van Asten. (2020). Benefícios da derivatização na identificação baseada em GC-MS de novas substâncias psicoativas. Forensic Chemistry, 20, 100273.

Llauradó Maury, Méndez Rodríguez, Hendrix, Escalona Arranz, Fung Boix, Pacheco, & Cuypers. (2020). Antioxidantes em plantas: Um potencial de valorização que enfatiza necessidade de conservação da biodiversidade vegetal em Cuba. Antioxidantes, 9(11), 1048.

Mayer. (2002). Flavonoid Content of Vegetables: The USDA's Flavonoid Database.
Serviço de Investigação Agrícola, 339--348.

Matsumura, Kitabatake, Kayano, & Ito. (2023). Compostos fenólicos dietéticos: Seus benefícios para a saúde e associação com a microbiota intestinal. Antioxidants, 12(4), 880.

Molina-Cortés, Quimbaya, Toro-Gomez, & Tobar-Tosse. (2023). Compostos bioativos como alternativa para a indústria da cana-de-açúcar: Rumo a uma abordagem integrativa. Heliyon.

Nardini, Natella, & Scaccini. 2007). Papel dos polifenóis dietéticos na agregação plaquetária. A review of the supplementation studies. Platelets, 18(3), 224-243.

N, S. (2019). Análise qualitativa de carboidratos - significado, vídeo e métodos - leitor de biologia.

Nigussie, Antigegn, Mekuriaw, & Semegn. (2015). Composição de esteróides androgênicos extrato de planta inteira de hexano / metanol de Solanecio tuberosus (Selbilla) ao redor do Lago Tana Northwest Ethiopia. J Med Herbs Ethnomed, 1, 79-83.

Ningsih, a. W., & sukardiman. (2022). Estudo de métodos de secagem e métodos de extração sobre fenólicos. 2.

Nishad, Selvan, Mir, & Bosco. (2017). Efeito da secagem por pulverização nas propriedades físicas do caldo de cana-de-açúcar em pó (S accharum officinarum L.). Jornal de ciência e tecnologia de alimentos, 54, 687-697.

Nkumah, O. C. (2015). Análise fitoquímica e usos medicinais de Hibiscus sabdariffa. Revista Internacional de Medicina Herbal, 2(6), 16-19.

Othman, Sleiman, & Abdel-Massih, R. M. (2019). Atividade antimicrobiana de polifenóis e alcalóides em plantas do Oriente Médio. Fronteiras em microbiologia, 10, 911.

Olivia, N. U., Goodness, U. C., & Obinna, O. M. (2021). Perfil fitoquímico e análise GC-MS da fração aquosa de metanol das folhas de Hibiscus asper. Futuro Jornal de Ciências Farmacêuticas, 7, 1-5.

Ojo, M. A. (2022). Taninos em alimentos: Implicações nutricionais e efeitos de processamento de técnicas hidrotérmicas em sementes de leguminosas difíceis de cozinhar subutilizadas - uma revisão. Nutrição Preventiva e Ciência Alimentar, 27(1), 14.

Pentury, M. M. (2017). Conteúdo nutricional de vegetais cerosos (Saccharum edule Hasskarl) um alimento especial em North Halmahera, North Maluku antes e depois do processamento. Pharmacon, 6(4).

Proestos, C. (2020). Os benefícios dos extractos de plantas para a saúde humana. Biblioteca Nacional de Medicina, 1.

Rajkumar, & Panambara. (2022). Análise comparativa da avaliação fitoquímica qualitativa e quantitativa de folhas selecionadas de plantas medicinais em Jaffna, Sri Lanka.

Saeed, Khan, & Shabbir (2012). Atividade antioxidante, conteúdo fenólico total e flavonoide total de extratos de plantas inteiras Torilis leptophylla L. BMC Complement Altern Med 12, 221 (2012).

Sasidharan, Chen, Saravanan, Sundram, & Latha. (2011). Extração, isolamento e caraterização de compostos bioactivos de extractos de plantas. Revista africana de medicinas tradicionais, complementares e alternativas, 8(1).

Sreevidya, & Mehrotra (2003). Método espetrofotométrico para a estimativa de alcalóides precipitáveis com o reagente de Dragendorff em materiais vegetais. Journal of AOAC international, 86(6), 1124-1127.

Subramanian, & Anandharamakrishnan. (2023). Extração de compostos bioactivos. Em Aplicação Industrial de Alimentos Funcionais, Ingredientes e Nutracêuticos. Academic Press. 45-87.

Salleh, Mohd Hanapiah, Ahmad, Wan Johari, Osman, & Mamat. (2021).

Determinação de fenólicos totais, flavonóides e atividade antioxidante e análise GC-MS de extratos de água de própolis de abelha sem ferrão da Malásia. Scientifica, 2021.

Sasidharan S, Chen Y, Saravanan D, Sundram KM, Yoga Latha L (2011). Extração, isolamento e caraterização de compostos bioactivos de extractos de plantas. Afr J Tradit Complement Altern Med. 2011;8(1):1-10.

Sermakkani, M., & Thangapandian, V. (2012). Análise GC-MS do extrato de metanol da folha de Cassia italica. Asian J Pharm Clin Res, 5(2), 90-94.

Singh, & Mukhtar. (2015). Perfil fitoquímico da cana-de-açúcar e seu potencial. Plant Review, 47.

S Singh, Singh, Medhi, & Kumar, A. (2022). Triagem fitoquímica, quantificação, análise FT-IR e caraterização in silico de potenciais compostos bioativos identificados na análise HR-LC / MS da formulação poliherbal do Nordeste da Índia. ACS omega, 7(37), 33067-33078.

Syed Salihoglu, E. M. (2022). Comparação do conteúdo fenólico e antioxidante. Artigo original / Özgün Makale, 423-428

Vega-Gálvez, Di Scala, Rodríguez, Lemus-Mondaca, Miranda, López, & Perez-Won, M. (2009). Efeito da temperatura de secagem ao ar nas propriedades físico-químicas, capacidade antioxidante, cor e teor de fenólicos totais do pimento vermelho (Capsicum annuum, L. var. Hungarian). Química alimentar, 117(4), 647-653.

Wei, X., Koo, I., Kim, S., & Zhang, X. (2014). Identificação de compostos em GC-MS através da avaliação simultânea do espetro de massa e do índice de retenção. The Analyst, 139(10), 2507-2514.

Xing, Bo & Akan. (2023). Traditional Fermented Foods: Desafios, fontes e benefícios para a saúde dos ácidos gordos. Fermentação, 9(2), 110.

Yubin, Miao, Bing, & Yao. (2014). A extração, separação e purificação de alcalóides na medicina natural. Jornal de Pesquisa Química e Farmacêutica, 6(1), 338-345.Yemm, & Willis, A. (1954). The estimation of carbohydrates in plant extracts by anthrone. Biochemical journal, 57(3), 508.

Zhang, Xu, Zhu, Zhang, Xia, & Zang, H. (2021). Avaliação do conteúdo total de fenólicos, flavonóides, carboidratos e atividades antioxidantes de vários extratos de solventes da raiz de Angelica amurensis.

Zhang, Y.-J. (2015). Fitoquímicos Antioxidantes para a Prevenção e Tratamento de Doenças Crónicas. Edição especial Antioxidants-A Risk-Benefit Analysis for Health, 21139.

yes
I want morebooks!

Buy your books fast and straightforward online - at one of world's fastest growing online book stores! Environmentally sound due to Print-on-Demand technologies.

Buy your books online at
www.morebooks.shop

Compre os seus livros mais rápido e diretamente na internet, em uma das livrarias on-line com o maior crescimento no mundo! Produção que protege o meio ambiente através das tecnologias de impressão sob demanda.

Compre os seus livros on-line em
www.morebooks.shop